科学博物馆¡奇妙一小时

[美] 奈特·鲍尔 ◉ 著　　　　[美] 韦斯·哈吉斯 ◉ 绘

漆仰平 ◉ 译

水循环大探险

科学
博物馆
入口
→

北京联合出版公司
Beijing United Publishing Co.,Ltd.

献给卡特。

亲爱的读者：

　　前段时间我和家人去了夏威夷旅行，那是一次非常有趣的体验。一天，我们爬到了毛伊岛的最高点——哈雷阿卡拉火山上，那里既干燥又寒冷，基本上见不到植物，也看不到水。

　　还是在那天，我们又去了毛伊岛上一处海拔低得多的地方看瀑布景观。当我望着瀑布从壮观的悬崖上倾泻而下时，忍不住好奇起来：这些水是从哪里来的？毕竟我们刚去过这座岛的最高点，那里根本没有水！眼前的景象，看上去就像是有一台巨大的隐形水泵在为每一条河源源不断地提供水流。

　　当我创作这本书时，我意识到隐形水泵其实真的存在，它就叫作水循环，它比巨型水泵动力更足，也更加令人惊奇。总之，我希望这本书能激发你的好奇，让你更多地留意到出现在你生活中的那些不可思议的事情，留意到水循环在日常生活中起到的重要作用！

　　　　　　　　　　　　　　　　　　　　　　　　　你的朋友

　　　　　　　　　　　　　　　　　　　　　　　　　奈特

欢迎再来

上午
10点
开门

水循环

　　科学博物馆周六是上午十点钟开门，人们基本上都会在这个时间点进入博物馆。上午十点的科学博物馆是一座正常的博物馆。不过，开馆前的一个小时，那里会有神奇的事情发生——博物馆会变成通向其他世界和时空的入口，这些入口只向爱探险的科学家奈特·鲍尔和几个充满好奇心的孩子组成的特别小分队敞开。

今天要研究的内容全都和水有关。**水循环**就是水从天空到地面再回到天空的运动过程。你可能不会总是留意到它，但水的活动是时时刻刻都存在于我们身边的，甚至空气中就有！

让我们先来看看布雷登的科学日记里关于"循环"是怎么说的。

布雷登的科学日记

一个循环是一连串按相同顺序不断重复的步骤。

举个例子，洗衣机洗衣服这个循环是从水开始的。水浸透衣服，倒入洗衣液，之后水再冲掉洗衣液。等把衣服再次穿脏之后，你就会再次重复这样洗衣服。这就是一个循环。

空气是透明的，你可以看透它，不过这并不代表空气里什么都没有。空气由**分子**构成，分子非常非常小，肉眼根本看不到。但是，假如你能看到分子，你就会发现它们总是在跳来跳去，并且相互碰撞！

你们升到空中做什么？

你们不是应该落到地上或者湖里之类的吗？

在湖里，我是液体，但现在，我是气体！

布雷登的科学日记

你知道交通信号灯怎么总是在变换红、黄、绿三种颜色吗？信号灯的颜色表示信号灯正处于哪种"状态"。

嗯，分子会让物质呈现出不同的**状态**，像固态、液态、气态或等离子态。（等离子体类似于一种特殊的气体，宇宙中绝大多数的物质都是以等离子体的状态存在的。）

水蒸气

当水是固态时，它就是**冰**；是液态时，就是**水**；当它是气态，就像空气那样时，它就是**水蒸气**。

水蒸气全都混合在空气中。水蒸气也叫**蒸汽**。把水放在炉子上烧开，就能制造出蒸汽啦！

现在我知道天空中的水是哪种形态的水了。我找到问题的答案了！

干得漂亮，温迪！解决一个，还剩三个。

为什么我们都没有落在地上呢？为什么我们只是在天空中蹦来蹦去？

我们现在可是超级超级小，跟一个水分子一样小。我们身下的空气基本上和一个垫子的作用差不多！

所以，我们是因为不够大才落不下去的吗？

没错，这叫作空气阻力，很神奇吧。布雷登，你来讲讲吧！

布雷登的科学日记

空气阻力就是说当你在空气中移动时，空气对你施加的一种反向的推力。当你奔跑着放风筝的时候，正是空气阻力让你的风筝停留在空中。你向前拉着风筝，空气却向后推着风筝。有拉力，也有推力，风筝就会一直高高地飞在空中。

当某个东西非常非常小的时候（比如一个水分子），只需要一点点空气的推力就能移动它。

所以，单独一个水分子能停留在空气中，是因为空气托起它的力大于重力把它往下拉的力。

不过，比水分子大的东西可能就会重到足以从空中坠落。

地球的大气主要由氮气和氧气组成。大气是一个专有名词，用来描述围绕在行星周围的气体混合物。在地球上，我们专门为大气起了个名字，叫作"空气"。

当温度变低时，水分子就会紧紧地团在一起，它们全都一小团一小团地挤在一块儿，而每一小团水分子就是一滴**水滴**。这个时候，水分子处于液体状态，不再是气体了。

雨水从天上落到地面，通常会积成一个个**水坑**。这些小水坑里的水会顺着地势向下流淌，然后汇入**溪流**。而溪流有可能通向一个**湖泊**。

河流入海口是河流汇入海洋的地方。河流的淡水与海洋的咸水混合。涨潮时，河流入海口处的水还会倒流！

水伴着潮汐在河流入海口来来回回，不过最后还是汇入了海洋。奈特和小调查员们也是一样！

水在海洋里并不是静止不动的，海洋里有一直在流动的水"流"。这些水流把温迪、布雷登、费利克斯、罗莎和奈特带了很远很远。

这些水分子都在动来动去！

要知道，当我们是液态的时候，就是一刻不停地弹跳着。

没错，就是跳得慢一点，挨得近一点！

布雷登的科学日记
还记得让水蒸气变成雨的冷风吗？那也是一种水流——"气流"。风只是气流的另一种叫法，所以水流就像是"水做的风"！

天气晴朗又炎热，阳光照射着大海，海面上的水越来越热。水越热，水分子之间相互碰撞得就越厉害。

有些水分子碰撞得猛烈到直接跳回了空气中——再次变成了气体！这就叫作**蒸发**。

呃！我太热了！

啊，在空气里舒服多了！

变成气体，再回到空气中……感觉真是好极了。

天哪！我现在可以回答我的这张回程票上的问题了：蒸发是由什么引起的？

回答正确！接下来，我们得在十点之前找到布雷登那张票上的答案。

能量，比如热量，会使水分子运动得越来越快，它们相互碰撞，水从液态变为气态。

嘿，我能找到我那张票上的答案的。多谢你们啦！

还记得吗？奈特发给孩子们四张票，每张票上都有一个问题。好了，现在三个问题已经有答案了。

快看！山脉！但愿咱们不会撞上去。

而且越来越冷了。

幸亏我穿着毛背心。

你天天都穿着你的毛背心。

随着空气慢慢变冷，水分子的运动也慢了下来，它们不再那么迅速和剧烈地蹦来蹦去了。

你们还会再聚成水滴，变回到液态吗？

也许吧！不过如果天气足够冷……等着看吧！

好冷。

水蒸气分子又聚集在了一起。温度还在持续降低！这些分子越来越不活跃……还越来越困。寒冷带走了分子的能量。

水分子正在结冰！它们**冻结**的时候会紧紧挤在一起，形成冰晶。这些**晶体**会聚集越来越多的分子，然后越变越大，很快我们就能用肉眼看到它们了。

过不了多久，每一个晶体都会变成一片**雪花**。

太阳再次出现，它的温暖为水分子带回了能量，雪花开始融化，现在又变成了液体。

在阳光的照耀下，一些水分子蹦跳得很厉害，以至于它们直接变回了气体，升到空中。

不过，其他水分子有不同的想法，它们渗透进了地面。

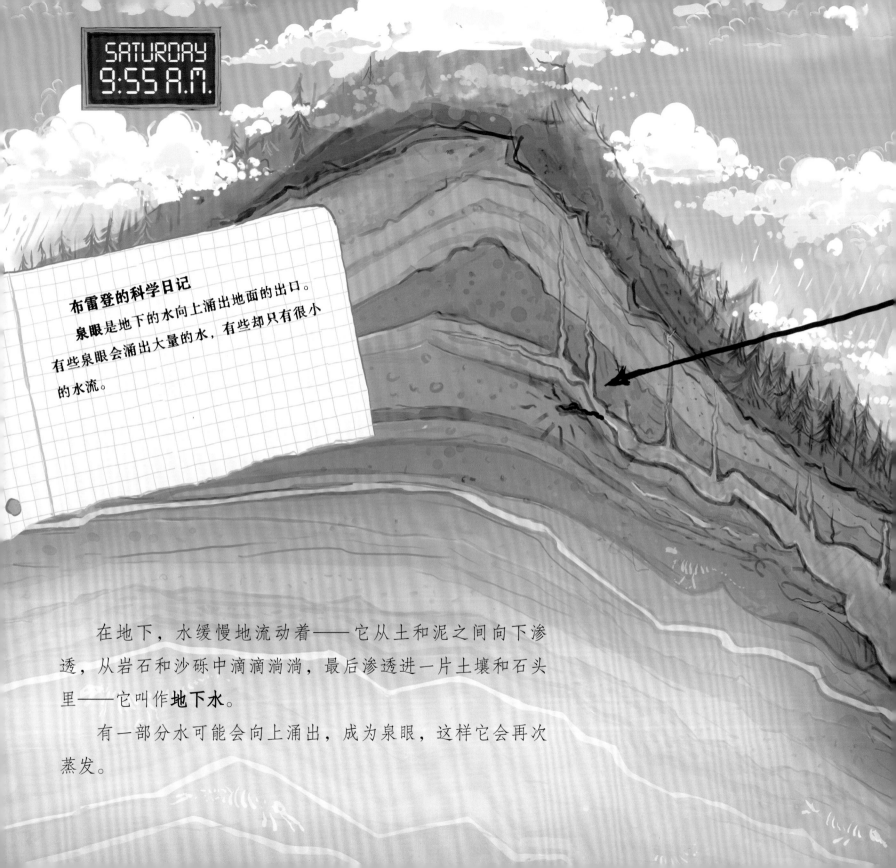

布雷登的科学日记

泉眼是地下的水向上涌出地面的出口。有些泉眼会涌出大量的水，有些却只有很小的水流。

在地下，水缓慢地流动着——它从土和泥之间向下渗透，从岩石和沙砾中滴滴淌淌，最后渗透进一片土壤和石头里——它叫作**地下水**。

有一部分水可能会向上涌出，成为泉眼，这样它会再次蒸发。

伏流是流动在地表下的河流，这些河流通常会流经洞穴。这儿的水不会蒸发，因此可以长年累月地待在这些地下的河流中。

实验：做一朵属于自己的云

"做一朵属于自己的云"是不是很酷？我们可以用这个实验来试试能不能做到！

为了多学习一些科学中的"基础知识"，我们假装并不知道云是怎样形成的。那我们该怎么去发现云形成的奥秘呢？这就要用科学的方法进行调查研究了：

1.观察你身边的世界。

2.根据你对"某一事物是如何运转的"进行的思考来提出自己的假设。

3.设计一个实验来系统地验证你的假设。

4.分析实验的结果，然后加深你的认识（假设得到了验证，还是没有得到验证？），你可能还要把整个过程重复很多遍，在每一遍中再多了解些东西！

那么接下来我们就用这个方法来认识云吧！

1.从书中和我们的日常生活中，你可能已经观察到：

观察1：云经常在水蒸发的地方形成，比如在海洋的上空，这表明水蒸气就在附近。

观察2：云通常在高空形成，那里温度比较低。

观察3：即便是肉眼无法轻易看到，但是空气中存在着很多微小的颗粒，比如灰尘、烟、烟雾，甚至海洋上方的空气里还有盐晶体。

2. 根据这些观察，你可能会做出以下假设：

"我假设云是结合了水蒸气、冷空气、微小颗粒（如灰尘或烟雾）而形成的。"

3. 为了验证这个假设是否正确，你需要设计一个能帮助你把这三种成分结合到一起的实验！

实验：

你需要：

·一名成年人（很重要！）

·一个光滑透明的厚玻璃罐，你可以很清楚地看到罐子里面

·能盖住一半玻璃罐的黑纸

·能固定黑纸的胶带

·一袋冰块

·烧开（或快要烧开）的水，足够装满1/3的玻璃罐

·一盒火柴

第一步：把黑色的纸贴在玻璃罐的外面，让它能从上到下覆盖住玻璃罐的一侧。另一侧什么都不贴。有黑纸的那面就像是背景幕布，你可以透过没有贴黑纸的这一面进行观察。

第二步：将沸水倒入玻璃罐中，然后轻轻晃一晃玻璃罐。

第三步：让一位成年人帮忙点燃一根火柴，拿着火柴在玻璃罐上方停留几秒，之后把火柴扔进水里。

第四步：用装满冰块的袋子塞住罐子口，仔细观察里面会发生什么！

让我们来看看结果吧！

你从实验里观察到了什么？云形成了吗？这说明你的假设怎么样？是对的吗？

要始终记得，即使是一个设计非常严谨的实验，可能也需要多尝试几次才能成功。所以如果你没有立刻看到云也不用太沮丧。你可以试着问问自己："有没有哪些地方，我可以做些改动，或者还可以做得更好？"保持这样的状态！每次只改动一处地方，然后一直不断地尝试，直到你对你的实验过程充满信心。让实验的步骤达到准确、可行，是科学研究中十分重要的一个部分。

最后，要记得一直继续下去！你对这个世界还有其他好奇的事吗？你观察到了什么，你又会怎样去设计一个实验来验证你的新想法呢？动手试一试吧，小调查员们！

——奈特

词汇表

等离子体
物质的四种基本状态之一。等离子体类似于液体，但它是在恒星，比如太阳的高温中形成的。它也会由强电流引起，比如在闪电或霓虹灯中。

地下水
地下水是地表以下的水。与地下河不同，地下水不会快速流动……实际上，有的时候它几乎不流动。

冻结
当液体达到从液态转化为固态的温度时便会出现冻结。固态下的原子或分子会非常紧密地聚集在一起。

分子
分子是由化学键结合在一起的两个或两个以上的一组原子。分子中的原子既可以是同一种元素，也可以是不同的元素。

伏流
伏流是在地表下流淌的河流。这些河流通常会流经地下洞穴。

固体
固体是物质的一种状态。当一种物质处于固体状态时最不活跃，原子（或分子）会非常紧密地聚集在一起，几乎一动不动。

河流
河流从周围的土壤（还有降水）中收集水，并在重力的作用下流向湖泊或海洋。

河流入海口
河流入海口是河流或溪流汇入海洋的地方。

湖泊
湖泊是四周环绕着陆地的一种水体，它比池塘大，并且通常积存的是淡水（不像海洋积存的是咸水）。

降水
从天上落下的任何形态的水都是降水。它可以是液态的水（毛毛雨、雨水和薄雾），也可以是冻结的水（雪、雨夹雪和冰雹）。

晶体
是一种固体物质，由原子（或分子）按照一定规则有序排列组成。石英是一种晶体，雪花也是。

气体
气体是物质的一种状态。处于气体状态时，分子或原子非常活跃，

会不停地蹦来蹦去，它们之间的间隔也会很大。

氢
氢是一种元素。氢原子是构成H_2O，也就是水的一种原子。氢也是宇宙中最简单、最常见的元素，恒星大多都是由氢元素构成的，氢元素构成了全部宇宙物质的四分之三！

泉眼
泉眼是地下的水向上涌出地面的出口。

水
水是一种常见的物质，它由两种常见的元素构成：氢元素和氧元素。水的化学式是H_2O，因为水分子由两个氢原子（两个H）和一个氧原子（O）组成。地球上的水全部是三种最为常见的物质状态：固体（冰）、液体（水）和气体（蒸汽/水蒸气）。

水坝
水坝是一种阻止水流自由流动的挡水建筑物。建造它主要是为了能让水停留在一个地方。水坝也可以帮忙发电——利用水的重量和流动来驱动发电机。

水坑
水坑是地面上的小水池，通常由雨水或融化的雪水形成。水坑里的水或是蒸发到空气中，最终形成雨云，或是渗入地面，为地下水提供水源。

水循环
水循环描述的是水在地表、地表上空、地表之下的运动过程。

水蒸气
水的气体状态，在（标准大气压下）水温高于沸点100°C（212°F）的时候形成。

物质
物质是构成宇宙间一切物体的实物和场。物质有四种状态——固体、液体、气体和等离子体。

溪流
溪流是类似于河流的流动水体，但比河流要小，通常也短得多。

雪花
雪花是一种冰晶（或者说是一团冰晶），它在空中形成，然后作为"降水"落到地面上。云中微小的水滴遇冷凝结成冰晶，形成了雪花。空气中的水蒸气附着在这些结冰的水滴上，会直接从气态变成固态，雪花也会越变越大。当水直接跳过液态时，水分子们会

构成像雪花这样令人喜爱的特殊晶体结构。

氧
氧是一种元素。它是构成水的两种元素之一，另一种元素是氢元素。氧对地球上的大多数生命来说十分重要，包括人类。

液滴
液滴（也被称为水滴）是指很小的一滴液体（比如水）。当蒸汽遇冷，蒸汽分子汇聚到一起变成液态时，就会形成液滴。如果是水蒸气，液滴就会变成云、雾或者雨。

液体
液体是物质的一种状态。处于液体状态时，分子或原子较为活跃，它们会四处移动，但比气体状态时聚集得更加紧密一些。液体有一定的体积，这意味着它们会占据一定的空间，但又不像固体那样有一定的形状。

元素
元素是一种纯化学物质。一种元素由单一类型的原子构成。宇宙中的所有物质都是由元素构成的！水不是元素，但它是由氧和氢这两种元素共同构成的。

原子
原子是组成物质（或宇宙中的物理物质）的基本单位。这些微小颗粒非常小，仅凭肉眼是无法看到的。

蒸发
蒸发是物质由液态向气态的转化。当液体的表面蒸发成了与它相接触的气体时，就是蒸发。而当液体沸腾时，会蒸发得更快。如果一壶水在沸腾，或是被放在一个干燥的房间里，它就会被蒸发掉。

蒸汽
蒸汽是一种很容易凝结的气体。

状态
地球上最常见的三种物质状态分别是固体、液体和气体。物质还有一种特殊的第四态，叫作"等离子体"，我们可以在闪电、霓虹灯、激光管和恒星中看到等离子体。

科学博物馆 奇妙一小时

[美]奈特·鲍尔 ◎ 著　　[美]韦斯·哈吉斯 ◎ 绘

漆仰平 ◎ 译

北京联合出版公司
Beijing United Publishing Co.,Ltd.

亲爱的读者：

通常情况下，我有这样两种生活模式：一种是"正常模式"，在这种模式下，我无法感受到世界的丰富与精彩。另一种是"好奇模式"，这种模式就有趣多了。在"好奇模式"下，世界上那些奇妙的事情就会纷纷冒出来，摇晃着我的肩膀说："看哪，这是多么不可思议！"我便会迫不及待地想要探索一番，好去了解更多的奥秘。

当我在清晨看见月亮依然挂在天边时，"好奇模式"会让我想到："月球在太空中，我们同样在太空中。"当我在眺望夜空看到火星和它发出的红色亮光时，"好奇模式"会让我想到："人类已经发送机器人到火星了，如果人类能亲自去到那里，又会是怎样的呢？"

我希望这本书能成为你用"好奇模式"观察世界的入口，让你能充分体验到发现和随之而来的学习的乐趣。

你的朋友

奈特

科学博物馆周六上午是十点向公众开放。不过，每周六上午九点，在博物馆还紧锁着大门、引导员还没上班的时候，那里会有神奇的事情发生——科学博物馆会变成通向其他世界和时空的入口！每个周六，温迪、布雷登、罗莎，还有费利克斯，就会在九点准时到达博物馆，和奈特一起去探索科学！

科学博物馆里的每一个展厅都是通向探险之旅的大门。那么，奈特今天会带小调查员们开始一段怎样的探险之旅呢？

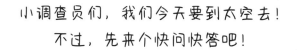

布雷登的科学日记

太空并不遥远，它就在我们身边。当地球环绕太阳运行的时候，它就是在太空中运转。既然我们在地球上，那我们就是在太空中！

因此，尽管太空中大部分都是**真空**，但确实也有些空气。我们就身处太空，被我们在地球这颗行星上呼吸着的空气所包围。

别担心！我们不会在地面待太久。不过，我们先来说一说，是什么让一颗行星……成为行星的。

太空中有很多星体，有些是行星，有些不是——

比如**小行星、天然卫星**和**恒星**。不过，我们怎么知道哪些是行星、哪些不是呢？

有个定义。

"行星"的定义在2006年有了改变。在2006年之前，太阳系有九大行星。现在，因为定义变了，所以只有八大行星。

因此，科学博物馆的展览也必须更新了。

冥王星不再是行星了，反正我听说是这样的。

可怜的冥王星！

你确定它不是行星吗？

对啊！他们是怎么知道的？

看来我们需要去调查一下，可博物馆还有一个小时就要开门了！

说得对，我们最好去弄弄清楚。一起去探索太阳系吧！

地球很大，是个庞然大物。从地球中心到地球表面的距离大约有4000英里（约6370千米）。而从地球到月球的距离比这还要远得多，大约有250000英里（约40万千米）！

而从地球到太阳就更远了，差不多有100000000英里（约1.5亿千米），这个距离几乎是地球到月球的400倍！

不过，虽然太阳已经够远的了，而冥王星更更更远。如果奈特和小调查员们搭乘的是一艘普通的太空飞船，那他们可能得花十年时间才能到达那里。

你能跳多高？半米？或者一米？

为什么只能跳这么高？因为重力。而且你的体重越大，就越难跳得高。因此，一艘又大、又重、满载着调查员的太空飞船真的很难飞离地面……进入太空！

布雷登的科学日记

　　重力是地球对物体的**引力**。引力是把物体拉向一起的力。太空中的每个物体对其他物体都有拉力。物体的**质量**越大，它的拉力就越大。比如，因为月球比地球小得多，所以它的拉力也比较小（或者说是引力比较小）。这就是为什么宇航员在月球上行走时会一跳一跳的。相反，木星比地球大得多，所以木星的拉力就会更大，也就是木星有更大的引力。如果宇航员能登上木星，他们可能会变得非常重，根本没法站立！

　　你距离一个物体越近，它的引力对你的拉力就会越强。这就是比起乘坐太空飞船盘旋在太空中，我们站在地球上感受到的重力力量会更强的原因。

人造卫星是一种环绕地球运行的机器。人造卫星承担的工作多种多样，有些卫星负责拍照片，有些负责发送电视信号，有些卫星"俯视"地球，为我们观测天气，还有一些在"眺望"太空中的那些恒星。

嘿，快看，一颗人造卫星！

哇！我们能停下来和它打个招呼吗？

当然可以！孩子们，穿好宇航服。

SATURDAY
9:14 A.M.

布雷登的科学日记
在轨物体沿着一条路线围绕另一个物体运动，并且是沿着相同的路线周而复始地运动。比如地球环绕太阳运动，月球环绕地球运动。人造卫星也环绕地球运动，就像月球一样。人造卫星不是用发动机来推动的，而是利用地球的引力来运动！在地球引力的作用下，它们一边朝着地球的方向持续不断地下落，一边一圈又一圈地环绕着地球运行。

当你站在地球上，重力把你和地球拉到一起。地面对你产生向上的推力，你对地面产生向下的推力。当你从空中下落的时候，地面没有给你向上的推力，所以你感觉不到自己身体的**重量**。

当你在环绕地球的**轨道**上的时候，你会感觉到失重，但你并不是真的没有了重量。地球的重力还在一如既往地把你向下拉，并且拉着你下降的速度和你环绕地球前行的速度是一样的，就像你在空中原地坠落一样。

围绕太阳运行的行星、彗星、小行星和其他星体组成了**太阳系**。但这不是唯一的**行星系**。其他恒星也有行星系，并且非常非常多！每颗恒星都是一个自身能发光，并且由炽热气体组成的巨大球体。有多大呢？我们的太阳的质量是地球质量的333000倍！有多热呢？太阳的表面大约是10000华氏度（约5500摄氏度）！它能发出耀眼光芒的原因就在于它非常热。

布雷登的科学日记
环绕一颗恒星运行的一群星体=行星系。
环绕一个中心点运行的全部恒星=星系。
有些星系很小，只有1000颗恒星；有些星系浩瀚无边，拥有几百万亿颗恒星。**银河系**（就是我们所在的星系）有数千亿颗恒星，而我们自己的太阳系只是银河系里众多行星系中的一个。

月球也是地球的卫星，但它是一颗天然形成的卫星，也就是说，并不是人们把它放在那里的。没有人能确定月球来自哪里。很多人认为，月球是在很久很久以前，不知名天体撞击地球时形成的——地球的碎片脱落，形成了月球。但没有人确切地知道到底是不是这样。

因为月球比地球小得多，所以月球的引力也小很多。也就是说，如果你走在月球上，你的重量要比在地球上小！

布雷登的科学日记

太阳与行星之间的距离有多远呢？这是又一个很难描画的事情。如果我真的把整个太阳系完全展示出来，有些行星可能会小到根本看不见！

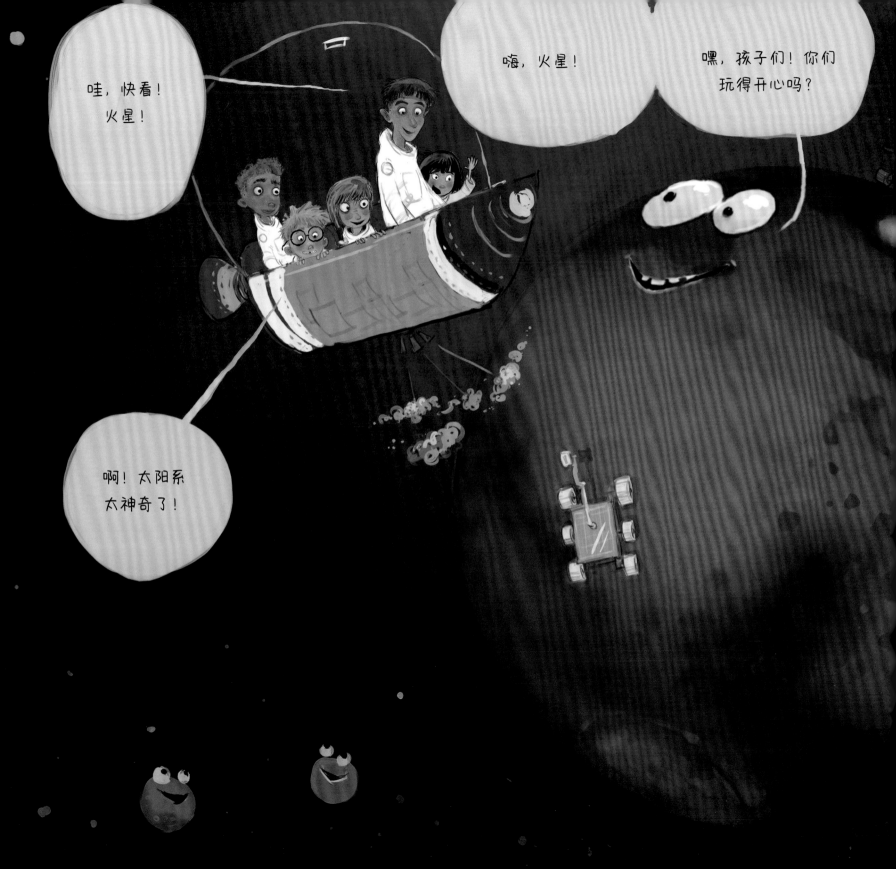

恒星和行星都有寿命，就像你和我一样。一个行星系围绕一颗恒星形成的时候，行星本身也就形成了。通常情况下，一颗行星最初只是一些微小的物体，或者甚至就是一团尘埃，但是引力把它们拉到一起，形成了一个大的物体——一颗行星。

行星的定义

2）一个星体必须清除它附近的其他星体才能称为行星。

我的周围很清爽，除了我的两颗卫星。说实话，没有它们，我可就太孤单了！

哦，我感觉我也年轻了。哎呀，我还记得当我还是个行星宝宝的时候……

行星也有是"小宝宝"的时候吗？

布雷登的科学日记
太阳系中有许多小行星。一个小行星带是指同一片区域有很多小行星。

小行星是太阳系中既不是行星，也不是**彗星**或**流星体**的星体。大小、形状各不相同的小行星有很多，不过它们都有个共同之处：它们（绝大多数）都不是圆球形的。

木星是太阳系中最大的行星。就算是把其他行星全部放在一起，它们也没有木星大。而且，木星不像地球只有一颗卫星（月亮），它有将近70颗卫星！不过，木星还有一点不同于我们之前看到的那几颗行星……

木星主要是由气体构成的！

可我以为木星是一颗行星。

它是行星。

可它是由气体构成的！

等等，行星的定义是什么来着，布雷登？

准备好，官方定义来了。

木星和冥王星之间有二颗行星。土星、天王星和海王星都是由气体组成的。

土星

孩子们，快问快答！

哦，天哪！

哦，可恶！

既然了解了行星的定义，那现在让我们看看土星、天王星和海王星吧。

嗯，它们都是圆球形的……

而且它们都绕着太阳转……

它们都把它们附近的空间清理干净了……

布雷登的科学日记

快看环绕着土星的那些光环！它们是由细小的冰、尘土和岩石颗粒构成的。

海王星

那它们的卫星呢？

卫星不是行星。尽管它们的卫星有些的确个头很大。

所以，这可以告诉我们——

天王星

土星、天王星和海王星都是行星！

布雷登的科学日记

天王星看起来平平无奇，实际上并非如此。这个行星表面的风速能达到每小时500多英里（约800多千米）！

布雷登的科学日记

海王星呈现出的蓝色让它看起来像是表面有液态水，就像地球一样。但其实蓝色是因为它的表面有甲烷气体。

冥王星是**柯伊伯带**中最大的星体。柯伊伯带很像小行星带，但比小行星带大得多。也就是说，冥王星与其他许多星体一起共用它环绕太阳运行的轨道。

SATURDAY 9:45 A.M.

冥王星不是行星！

嘘！它会听见的！

是的，冥王星对于自己不是行星这件事也没什么办法，这又不是它的错。

天哪，希望你不要太难过，冥王星。

我一点儿都不难过呀！我有我的卫星们一直给我做伴，这才是我最在意的事。

我是冥卫一卡戎，冥王星最大的卫星……也是冥王星的头号粉丝！

大家可以思考下面这些很重要的事情：

定义不是事实。事实永远都不会改变，但定义会变。事实不是人类发明的，但定义是。定义能帮助我们清晰准确地讨论问题。我们都知道"幼猫"的定义是几个月大的小猫，但如果我们突然不再使用"幼猫"这个词，也不会改变你的宠物是一只超级可爱的三个月大的猫咪这一事实。

2006年，有些事情发生了变化，但变化的不是事实，也不是冥王星，只是针对"与其他物体共用运行轨道是什么意思"的定义有了变化。

实验：制作你自己的引力弹弓

你有没有感到过好奇：我们是怎样把机器人和卫星送入遥远的太空中的呢？火箭发挥了作用，但这只是其中一个因素。为了让飞船能在合理的时间内（"只用"十年就能飞大约64亿千米）以足够快的速度抵达像冥王星这样遥远的目标，我们采用了一项名为"引力加速"，更好理解的叫法是"引力弹弓"的技术。

那么，我们不去太空也能了解引力弹弓是如何工作的吗？没问题，当然可以！我们可以通过"调查研究"来了解这个原理。

你需要

· 一名成年人

· 一颗玻璃球

· 一个小硬纸箱

· 剪刀

· 胶带（强力胶带最好）

· 一个锥形塑料容器，例如容量一升左右的酸奶杯（洗干净的）

· 一个卷筒卫生纸的纸筒

剪这个位置来
制作轨道（B）

剪这个位置来
制作行星（A）

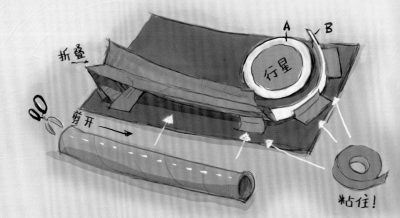

折叠

剪开

行星

A　B

粘住

第一步： 请在成年人的帮助下，小心地将酸奶杯的顶部沿边缘剪下来。确保剪下的这部分有半英寸（约1.3厘米）宽，看起来应该像个圆圈，然后剪下圆圈的1/3，用作轨道。接下来，从距离底部半英寸的地方将酸奶杯的杯底剪下来，把它当作行星。摆放轨道和行星时，要注意在它们之间留出能让玻璃球轻松穿过的通道。尽可能让通道的入口比出口宽。把它们用胶带贴到从纸箱上剪下的纸板"底座"上。

第二步： 将卷筒纵向剪开，让它看起来像一个凹槽，然后对折成V字形，这样玻璃球更方便滚动。接下来，把凹槽的一端向下折，这样它就变成了一个平缓向下倾斜的坡道，折起来的那一端就是顶部，另一端则对准轨道的入口。用胶带把它们都固定好。

第三步：小测试时间到！把玻璃球放在坡道顶部，让它滚落下来。它能轻松地穿过行星的"轨道"并从另一端出来吗？如果可以，我们就能进行最后一步了；如果不行的话，可以调整一下不同零件之间的间距或者位置，确保玻璃球卫星一路畅通！

第四步：只要玻璃球卫星能借着从平缓坡道滚下时获得的速度，顺着轨道滚动前进，我们就可以开始正式的测试了！

测试

现在我们就可以用我们的仪器（"装置"的高端说法）来了解引力弹弓是如何工作的了。

玻璃球是我们的卫星，缓坡为卫星提供了一个通向行星的发射路线或者说是一个特定的方向。内侧的杯子是行星，而外侧的轨道起到引力的作用，帮助玻璃球在引力的拉力足够强时能够"围绕行星运行"。

把玻璃球放在坡道顶部，让它自由滚落并沿着"轨道"滚出。观察一下在行星移动时玻璃球从轨道出口滚出的速度。下一轮实验中，让玻璃球恒速穿过坡道。

你观察到了什么？对比玻璃球在行星没有移动时滚出出口的速度。发生了什么？关于我们的假设，这些又告诉了我们什么？耐心一点，坚持一下，多试几次，还有最最重要的——要有条理、有序地进行测试哦。

通过实际操作，你应该能了解到：是行星让卫星移动的速度有了很大提升！

现在，想一想人类在探索太空的过程中取得的那些惊人的成就吧！我们已经了解到了怎样让卫星精确地沿着正确的轨道发射出去，并且准确抵达数百万英里外的目标了。是不是很不可思议？你能设计一个让玻璃球卫星从一个引力弹弓发射到另一个引力弹弓的实验吗？试试吧，亲爱的小调查员们！

——奈特

行星

出口端
（窄）

入口端
（宽）

词汇表

大气层
在引力作用下始终围绕在天体周围的气体。

轨道
天然卫星或人造卫星受引力作用，围绕另一个物体运行时的弧形路径。

恒星
在晴朗的夜空中以光点可见的天体，大多数是恒星。

彗星
沿着轨道（椭圆、抛物线、双曲线）环绕太阳运行的天体，由水、气体和尘埃构成。

柯伊伯带
类似小行星带，但比小行星带大得多，柯伊伯带处在太阳系的外围。

流体静力学平衡
向内的压力和向外的压力之间达成的平衡。达到流体静力学平衡的物体通常情况下会形成球状，比如行星或者气球。

流星
进入地球大气层的流星体。

流星体
在太空漫游的小天体。

人造卫星
环绕地球在空间轨道上运行的无人航天器。

太阳系
一个行星系，其中的行星都环绕太阳运行。

天然卫星
围绕行星运转的、天然形成的卫星。

小行星
围绕太阳运行，直径小于620英里（约950千米）的岩石天体。

小行星带
聚集着众多小行星的一片区域。

星系
围绕一个中心点运行的一群恒星。

行星
围绕恒星旋转的巨大天体，自身不发光。我们太阳系的八大行星是水星、金星、地球、火星、木星、土星、天王星、海王星。

行星系
一组在引力作用下环绕着恒星运转的天体。

银河系
由超过2000亿颗恒星组成的棒旋星系，我们的太阳系也在其中。

引力
将太空中任意两个物体拉到一起的吸引力。太空中的每一个物体都会对另一物体产生引力。

真空
移除了所有的物质，尤其是空气的空间。

质量
物体所含的物质的量。有质量的物体相互之间会施加引力。

重量
物体受到的重力的大小。

科学博物馆！奇妙一小时

重回恐龙时代

[美] 奈特·鲍尔 ◎ 著　　[美] 韦斯·哈吉斯 ◎ 绘

漆仰平 ◎ 译

北京联合出版公司
Beijing United Publishing Co.,Ltd.

献给卡特，是你让不可能变成了可能。

亲爱的读者：

恐龙！

我从很小的时候就发现恐龙是一种非常令人着迷的动物，我还特别喜欢想象在现实生活中遇到一只恐龙的情形。想象一下，当你抬起头，突然看到一只蜥脚类恐龙的脑袋就在你的头顶上方！它一迈步，地面都会跟着颤抖；它体格庞大，光是身体就和一辆公交车差不多大小；几条像树干那么粗的腿支撑着它，让它的身体在我们头顶上方三米的地方也能保持平衡和稳定。

和恐龙一样令人感到惊奇的是，我们对恐龙居然有如此多的了解。不像其他自然学科可以直接观察正在研究的对象，我们要了解恐龙，只能靠它们留下的各种线索，而这正是**古生物学**的研究领域。

古生物学之所以强大，是因为它让我们从那么少的线索中了解到了这么多的信息。它能帮助我们了解恐龙生活的时代是什么样的，也能帮助我们理解我们的世界在未来可能会是什么样的。在这本书里，我作了这样一番畅想：通过直接观察恐龙来了解它们和它们生存的环境。如果你和小调查员们一起去探险，你能观察到什么呢？这又会怎样影响你对周围世界的观察？希望你喜欢这次挑战！

你的朋友

奈特

SATURDAY
9:32 A.M.

上午10点
开门

周六上午，大多数人都得等到科学博物馆十点开门的时候才能进到馆里，这可真是太遗憾了。要知道，在向公众开放前的一个小时里，科学博物馆会变成通向其他世界和时空的入口。奈特就在博物馆里工作，所以他有机会和四个幸运的孩子一同去探索那未知的一切。温迪、布雷登、罗莎和费利克斯每周都会在周六的一大早来到博物馆，和奈特一起去研究、去发现！

对于地球的历史，我们很难做到全面完整地了解。我们都知道地球已经有45亿岁了，但这意味着什么？我们又怎么能知道45亿年前地球是什么样子？出现在那么久远以前的东西，也在很久以前就不存在了。

那么，我们该怎样去了解地球的历史呢？

化石。

化石是死去很久的生物遗留下来的残骸。当这些生物遗骸变成化石时，它们就会变得像岩石一样坚硬。这就是化石能持续保存如此之久的原因。人们已经发现了几乎和地球一样古老的微小细菌的化石。

布雷登的科学日记

与地球的寿命相比，被称为现代人的智人出现的时间就没有那么长了——大概只有20万年。如果把地球的寿命看作一天，那么人类是在这一天的最后一分钟才出现的！

恐龙化石是最广为人知的化石。我们对恐龙的大部分了解都是通过研究恐龙化石得来的。**古生物学家们**凭借几块保存下来的骨骼化石就能了解恐龙的很多情况。古生物学家可能会通过观察恐龙骨头上的咬痕来判断是哪种肉食性恐龙杀死了它，也可能会研究恐龙化石发现处附近的其他岩石，来确定恐龙的生活环境中生长着什么植物。我们能从化石中了解到的信息多得令人感到惊奇！

恐龙这种古老生物在地球上生活了数亿年，最后一种非鸟类恐龙大约在6600万年前灭绝。但是没有人确切地知道恐龙全都死去的原因，许多科学家认为，这可能是在一颗巨大的小行星撞击地球之后发生的。

　　我们把一天分成很多个小时、分钟和秒钟，这不仅能帮助我们更方便地描述时间，也能帮助我们记录和了解什么时候发生了什么事。出于同样的原因，我们对地球的历史也做了划分，这样我们就可以更好地描述事件、记录事件。地球历史最大的划分单位是**宙**，宙被分成了**代**，代又被分成了**纪**，纪又被分成了**世**和**期**。不过，小时、分钟、秒钟是整齐精确的——这一分钟和下一分钟总是一样长的时间。但对于宙、代、纪、世、期来说就不是这样了，它们的时间长度都不一样。

　　对于地球历史所做的这些"时间"上的划分都是以**地质年代**为基础的，也就是以构成地球的岩石层为依据的，这也正是它们时间长度各不相同的原因，因为它们每一个都覆盖了一个独一无二的时期。

恐龙出现在地球的**中生代**。中生代包含**三叠纪**、**侏罗纪**和**白垩纪**这三个时期，每个时期都有数千万年之久。恐龙在地球上生存了1亿多年，而人类只有20万年左右！

恐龙生活的这三个地质年代并不完全相同，三叠纪初期的地球和白垩纪末期的地球是很不一样的，生活在这些时期的恐龙同样也有很大差别。

在中生代的初期，也就是三叠纪开始之时，地球与现在大不相同。北极和南极都没有冰，天气温暖又干燥，并且一整年都不会有太大的变化，地球上绝大多数地方都没有我们今天所能感受到的四季和季节变化。不过，最大的不同或许是在三叠纪初期，地球上没有太多动物。整个地球在那时刚刚经历了著名的**大灭绝事件**。

布雷登的科学日记

地球历史上曾发生过几次大灭绝事件。有时候我们能找到引发大灭绝的原因，但大多数情况下我们弄不清楚。我们无法准确得知引发二叠纪-三叠纪大灭绝的原因，但我们能知道的是，这次灭绝致使95%的海洋动物和70%的陆地动物灭亡。

这就意味着，当三叠纪开始时，地球上的绝大多数生命都刚刚灭绝。不过不用担心，因为在三叠纪的头一千万年里，地球上又出现了新的生命。在这当中，有一个全新的物种，那就是恐龙。

　　如果你能从太空俯瞰三叠纪时期的地球，你可能都认不出这是我们的地球！那时大陆还没有形成我们现在都熟悉的北美洲和南美洲的形状，也看不出欧洲、非洲或亚洲。在三叠纪时期，地球上所有的陆地都连在一起，形成一个叫作**盘古大陆**的超级大陆，那时地球上也只有一个巨型海洋。

花了几分钟观察三叠纪时期的生命后，孩子们又回到了科学博物馆。现在，是时候从三叠纪往后跳5000万年，去看看侏罗纪时期是什么样的啦！

布雷登的科学日记

三叠纪时期大概延续了5000多万年，这只是恐龙出现在地球上的第一个时期！和恐龙相比，我们就是小宝宝！

到了侏罗纪时期，盘古大陆逐渐开始分裂。欧洲、亚洲与北美洲分离开来，南美洲也开始和非洲分离。面积更小的陆地现在都被海洋包围了起来。气候发生了变化：三叠纪时期炎热又干燥，侏罗纪时期却是炎热又潮湿。海洋里、陆地上，生命都在蓬勃生长。恐龙出现了很多新的种类……许多新的动物物种也在这一时期出现了。

布雷登的科学日记

　　侏罗纪时期出现了最早的鸟类。科学家们认为，这种被称为**始祖鸟**的动物是最早出现的鸟类之一。尽管它和现在的鸟儿长得非常不一样，毕竟已经经过了几亿年的**演化**，但你还是可以看出它有着鸟的样子！

　　对了，其实在侏罗纪时期，鸟类并不是唯一一种有翅膀的动物。科学家们现在认为，很多恐龙，即使是那些不会飞的恐龙，也都长着翅膀。

随着时间流逝，三叠纪让位于侏罗纪，恐龙也从诞生初期的模样演化成了我们现在熟悉的样子。很多我们所熟知的恐龙都生活在侏罗纪时期，比如**蜥脚类恐龙**中的巨型**腕龙**和**梁龙**，它们的长脖子可以够到茂盛的植物来吃，还有**掠食者**中的**异特龙**，它们会捕食体形较小的恐龙。

在白垩纪时期，大陆仍在继续分离。随着它们的移动，"世界地图"开始越来越像如今我们看到的样子了。几部分大陆之间的距离越来越远，地球也变得越来越冷。与侏罗纪和三叠纪相比，白垩纪时期的天气要更冷一些。大约在白垩纪的末期，各大陆终于开始各就各位，接近它们今天所处的位置了。

白垩纪时期称得上是恐龙的"黄金时代"——不断有新的恐龙种类出现。它们的数量非常庞大。许多恐龙，例如禽龙，都是一大群一大群地活动。

那是一只翼龙！看那儿，禽龙！还有三角龙！

小小很害怕！我觉得他不喜欢天上飞的那些东西。

那个小东西是什么？看上去像老鼠之类的。

那是最早出现的哺乳动物，是人类最早的祖先之一！

让我来仔细看看……这是一块化石！

太神奇了！

还记得二叠纪–三叠纪大灭绝吗？就是那个在恐龙出现之前、导致地球上大部分生物灭亡的事件。其实，白垩纪末期发生了另一个标志性的大灭绝事件，但这次的大灭绝并没有毁灭地球上的一切……

许多科学家认为，它的起因是一颗巨大的小行星撞击地球从而引发了一连串灾难。但没有人知道确切的原因。我们所能知道的是，**白垩纪–第三纪大灭绝**（后改称为"白垩纪–古近纪大灭绝"）导致了非鸟类恐龙和四分之三植物、动物物种的灭绝。

于是，在快到上午10:00的时候，小调查员们将小小送进那扇门，让他回到了侏罗纪时期。

在博物馆里看恐龙的骨架和直接研究你面前活生生的恐龙，二者是截然不同的。你不知道恐龙身上的肌肉有多大，它们的皮肤是什么颜色、是否长着羽毛等等。古生物学家们只能从骨骼入手，所以他们只能做出一些有依据的猜测。研究恐龙的骨骼是古生物学家们最接近了"回到"三叠纪、侏罗纪或白垩纪的方法。小调查员们今天真的非常幸运，因为至少在一小段时间里，比起古生物学家来说，他们更像是**动物学家**。

我们可能永远都无法得到确定的答案，但是小小，又或者是和他同一种类的某只恐龙，或许就是这个房间里的一具骨骼。

秀颌龙，太不可思议了！

实验：制作你自己的"考古挖掘"！

在这个实验里，你会挖出一块化石，体验发现的兴奋和激动。这都是现实生活中考古学家们工作的一部分。

在这个活动中，你将会：

1.制作你自己的化石。

2.把化石埋在泥土和沙子下面，做成一个"考古挖掘遗址"。

3.和你的朋友互换"考古遗址"，然后挖掘化石，仔细观察，确定这是什么化石，它来自哪里！

实验：

你需要：

助手

·一名成年人（很重要！）

化石面团

·4量杯的面粉

·1量杯的盐

·1.5量杯的水

制作化石用到的工艺品

·小恐龙玩具

·植物的叶子

·沙滩上的贝壳

·做饭时剩下的骨头，如
  鸡骨头或鱼骨头

考古挖掘遗址

·充足的干沙子

·少量的水

·至少2英寸（约5厘米）深
  的烤盘

关于挖土工具的建议

·刮刀，比如一字螺丝刀或
  小铲子

·硬毛刷

·旧牙刷

·清理细节部位用的牙签

第一阶段：制作化石

1.把水、面粉、盐混合在一起，揉成一个面团。

2.在烤板上把面团擀成大约0.5英寸（约1.3厘米）厚，或者把它压成这么厚的圆形。

3.用你的玩具或者小道具做化石压印：

　　a.恐龙玩具，侧向压进面团；也能用来压脚印。

　　b.你的手也可以。用手指压出W形，制作三趾恐龙的脚印。

　　c.如果用的是树叶，试试看你能把树叶的细节压得多清楚。要有创意，多加些细节。

4.这一步必须要在父母的帮助下进行！把"化石"放到烤盘上，然后将烤箱的温度调到180℃，烤一个小时后取出来。

如果你是和一个或者几个朋友一起做这个实验，并且打算把你的化石埋起来让朋友们挖的话，你可以先保守秘密，好给他们一个惊喜！

第二阶段：埋好和挖出化石

现在就是探索研究的时候了！

1.把准备好的沙子和少量的水混合，沙子和水的比例大约是10：1。

2.在烤盘里铺上一层混合好的沙子。

3.把你做好的化石埋起来，用手使劲按按上面的沙子。

4.和你的朋友交换"考古遗址"，开始挖掘吧！挖沙的时候一定要非常小心，要像真正的考古学家那样。你肯定不想把下面的化石破坏了吧！你能准确地辨认出你发现的是什么化石吗？

调查和讨论

当你开始挖掘化石的时候，一定要记得慢慢来。你觉得你需要挖开多大一部分才能确定这是什么化石呢？要知道，考古学家们常常是在无法看到完整的骨骼化石、植物化石或者海洋生物化石的情况下去一点点理解和解开谜题的。在你还没有看到整块化石的情况下，你可以利用什么线索来了解它呢？

如果你在化石上留下了一些印迹，那这些痕迹的细节有多大变化？玩具的印记是看上去和真的一模一样，还是缺少了某些细节？其实，这样的情况在现实中也会出现。受地下巨大的压力和热量影响长达数百万年，不管是多么强壮的骨骼都无法完美地保存下来。不过即便如此，化石仍然令人感到惊叹。下次如果你看到一块化石，不妨想象一下原来的那些动物和植物存活的时候有多少丰富的细节吧！

过去和未来

挖掘和研究化石不仅有趣，还很重要。通过仔细研究动植物化石以及它们周围的岩石，我们可以了解很久以前的地球是什么样子，更重要的是还可以了解在时间推移、事物变化的过程中都发生了什么。从这些调查研究中了解到的东西，能够帮助我们了解如今地球变化的方式，以及未来生命可能会是什么样子！

——奈特

词汇表

霸王龙
白垩纪时期的一种肉食性恐龙。它身长40英尺（约12米），体重约10吨。

白垩纪
约1.4亿年至6500万年前的一个地质年代。

白垩纪–古近纪大灭绝（旧称"白垩纪–第三纪大灭绝"）
发生于白垩纪和古近纪交界的一场全球性的大灭绝事件，导致约80%的物种灭绝，其中就包括几乎所有的恐龙。

大灭绝事件
导致地球上的生命数量迅速而大规模减少的事件。

代
地质年代单位。"代"被大致定义为几亿年。

地质年代
一种划分大的时期的相对方法。地质年代的最大单位是宙，之后从大到小依次为代、纪、世、期。

动物学家
对仍存活的和已经灭绝的动物进行研究的科学家。

二叠纪–三叠纪大灭绝
发生在二叠纪末期的一场全球性的灭绝事件，导致超过95%的海洋物种和70%的陆地物种灭绝。

非鸟类
不属于鸟类的、与鸟类无关的。

古生物学
一门学科，主要通过研究化石来研究地质的发展。

古生物学家
研究史前时期的生命形态的科学家。

化石
存留在岩石中的古生物遗体、遗物或遗迹，如骨架或脚印。

纪
地质年代单位。"纪"被大致定义为一千万年到一亿年。

梁龙
侏罗纪晚期的一种植食性恐龙。它身长约90英尺（约27米）。

掠食者
是指任何肉食动物或吃肉的动物。

盘古大陆
存在于中生代早期的超级大陆。

期
地质年代单位。"期"被大致定义为数百万年。

肉食性
以肉为食物。

三叠纪
约2.5亿至2亿年前的一个地质年代。

始祖鸟
侏罗纪晚期的一种外形很像鸟的小型肉食性恐龙。始祖鸟生活在欧洲，它的身长大约20英寸（约0.5米），体重约2磅（约0.9千克）。

世
地质年代单位。"世"被大致定义为千万年。

腕龙
侏罗纪中晚期的一种植食性恐龙。腕龙生活在北美洲和欧洲，它是至今为止发现的最大的恐龙之一。它身长82英尺（约25米），体重约60吨。

蜥脚类恐龙
一种长着长长的脖子和尾巴、脑袋较小、四肢粗壮的恐龙，它们最引人注目的特点是拥有巨大的体形。

演化
是指植物或者动物等生物的特征历经很多代而出现的一种逐步的变化。

异特龙
侏罗纪晚期的一种大型肉食性恐龙。异特龙生活在北美洲，它的身长大约有30英尺（约9米），体重约3000磅（约1.5吨）。

中生代
约2.5亿年至6500万年前的时期。中生代分为三叠纪、侏罗纪和白垩纪。

宙
地质年代单位。"宙"被大致定义为约五亿年或者更长的时间。

侏罗纪
约1.9亿到1.4亿年前的一个地质年代。

科学博物馆 奇妙一小时

[美] 奈特·鲍尔 ◎ 著　　[美] 韦斯·哈吉斯 ◎ 绘

漆仰平 ◎ 译

生命周期的奥秘

北京联合出版公司
Beijing United Publishing Co.,Ltd.

献给卡尔文和利奥。

将诚挚的谢意送给许许多多让这套书成为可能的人们：卡特·特威迪·鲍尔、戴夫·林克尔、韦斯·哈吉斯、卡莉斯塔·布里尔、琳达·洛文塔尔、弗朗西斯卡·迪米欧、利亚·亨里克森和马特·亨里克森，以及苏珊·罗布。

亲爱的读者：

如果你跟我之前一样，没花时间欣赏过"你正活着"这个简单而又不可思议的事实，那么，现在想一想这件事，花些时间来关注。注意你的呼吸，感觉你的手正捧着这本书——你能立即感受到多少活力与生命力呢？

活着，并且能意识到自己活着，是我能想到的最酷的事了。更棒的是，我们还和地球上其他数十亿生物一起活着。

我们周围的植物和动物们一直都在通过一种被称为"生命周期"的过程来表明，它们和我们一样存在于这个世界上。你在读这本书的时候，可以试着这样想：生命周期不仅仅是你正读到的知识——还是你此时此刻正在经历的事情！

是不是感觉很棒？现在就让我们开始探索生命周期的奥秘吧！

你的朋友

奈特

图书在版编目（CIP）数据

科学博物馆奇妙一小时：全四册 ／（美）奈特·鲍尔著；（美）韦斯·哈吉斯绘；漆仰平译 . — 北京：北京联合出版公司，2024.2
ISBN 978-7-5596-7316-9

Ⅰ . ①科… Ⅱ . ①奈… ②韦… ③漆… Ⅲ . ①自然科学－儿童读物 Ⅳ . ① N49

中国国家版本馆 CIP 数据核字 (2023) 第 241993 号

Let's Investigate with Nate: The Water Cycle
Text copyright © 2017 by Nate Ball
Illustrations copyright © 2017 by Wes Hargis
Let's Investigate with Nate: The Solar System
Text copyright © 2017 by Nate Ball
Illustrations copyright © 2017 by Wes Hargis
Let's Investigate with Nate: Dinosaurs
Text copyright © 2018 by Nate Ball
Illustrations copyright © 2018 by Wes Hargis
Let's Investigate with Nate: The Life Cycle
Text copyright © 2018 by Nate Ball
Illustrations copyright © 2018 by Wes Hargis
Simplified Chinese translation copyright © 2024 by Beijing Tianlue Books Co., Ltd.
Published by arrangement with HarperCollins Children's Books
through Bardon-Chinese Media Agency
ALL RIGHTS RESERVED

科学博物馆奇妙一小时

著　　者：[美]奈特·鲍尔
绘　　者：[美]韦斯·哈吉斯
译　　者：漆仰平
出 品 人：赵红仕
选题策划：北京天略图书有限公司
责任编辑：龚　将
特约编辑：胡雨祺
责任校对：高　英
美术编辑：刘晓红

北京联合出版公司出版
（北京市西城区德外大街 83 号楼 9 层　100088）
北京联合天畅文化传播公司发行
北京盛通印刷股份有限公司印刷　新华书店经销
字数 32 千字　787 毫米 ×1092 毫米　1/12　$15\frac{1}{3}$ 印张
2024 年 2 月第 1 版　2024 年 2 月第 1 次印刷
ISBN 978-7-5596-7316-9
定价：188.00 元（全四册）

上午10点
开门

欢迎来到科学博物馆！大多数时候，这是一座普普通通的博物馆，普普通通的孩子们来到这里，通过了解各种各样奇妙的事情来收获普普通通的乐趣。

但是在每周六上午九点到十点这段时间里，博物馆会变得很不一样，很特别。就在这开馆前的一个小时里，它会变成通向其他世界和时空的入口。在这一个小时里，一群孩子也会变成勇敢的探险者，和他们的朋友——博物馆里最优秀的科学家——奈特·鲍尔一起踏上了不起的冒险之旅。

你瞧，每周六上午九点，温迪、布雷登、罗莎和费利克斯就会和奈特一起……探索研究！

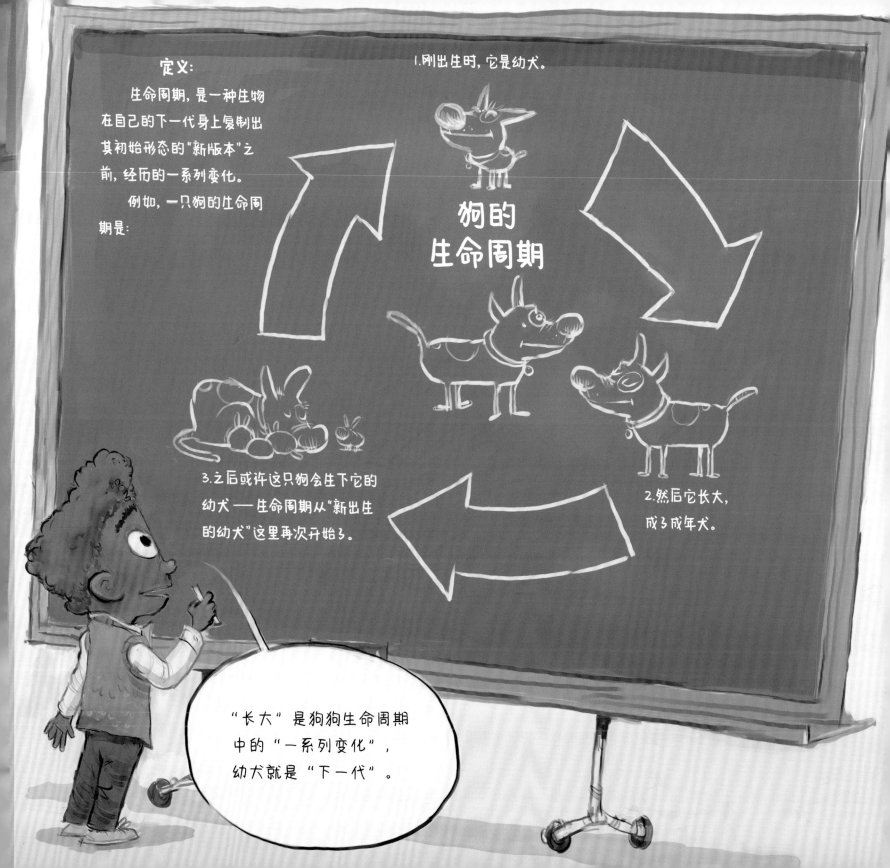

我们要去哪儿？

咱们去土里，试试看能不能弄清楚为什么我种的这株植物没有成活。

但是，"活"又是什么意思呢？

这不是很明显吗？

是吗？

布雷登的科学日记

长在地里的郁金香是活的。它的叶子绿油油的，它的茎把地下的水输送上来。很明显，它是活着的对不对？没错。

如果你把郁金香的花摘下来，插进水里，这枝花的叶子依然是绿油油的，它的茎依然在向上输送水分，它的花依然开着。

但它不再和郁金香其他的部位相连了。而且一旦你把花摘下来，过不了几天这枝花就会死去。在这几天里，它是活着的吗？它插在花瓶里时，是不是没有它还和根连在一起时有活力？你看，你并不总是能清楚地分辨出什么样是活的、什么样不是。

布雷登的科学日记

新的问题出现了！有些植物（比如树木）剪下的枝条可以再生长，比如说我们把这棵树的树枝浸泡在水里，它会长出根，不久你就会拥有一棵完整的、新长出来的树了。

剪下来的树枝比剪下来的郁金香活力更充沛吗？

新的新问题又出现了！火是"活"的吗？火会"长大"，就像植物和动物一样，它也会"吃"，甚至会"繁衍"。比如说你用火柴点燃了蜡烛，这意味着此时你拥有的是两个火苗，而不是一个了。

通过火的表现来看，它是"活"的。但这能说明它 就是"活"的吗？

事实证明，人们很难给**"生命"**下定义，很多科学家对于如何精确地定义"生命"都有不同的意见。有些东西（比如病毒）可能是活的，也可能不是，这取决于你使用的定义！

但是，"生命"有一个能够适用于大多数情况的基本定义。

如果符合以下条件，可以认为某个事物是"活"的：

· 可以获得并运用能量（比如植物吸收阳光，人吃比萨）；

· 能繁衍后代（比如橡树结橡子，大狗生小狗）；

· 能对变化作出反应（当食物出现的时候，哪怕是微生物，例如细菌，也会朝着食物移动）。

一颗种子如果泡在水里，种子里的胚芽就会冲破**种皮**，这个过程叫作**发芽**。根会长出来，最终**胚芽**破土而出，叶子从中生长出来。新芽足够大的时候就会长成**茎**。**花蕾**开始出现，如果阳光和水分充足，花蕾就会绽放，开出**花**。

布雷登的科学日记

动物吃植物是**生态学家**所说的"**食物链**"的一部分。食物链是动物和植物在一个生态系统中联系在一起的方式。就像花栗鼠的生存需要依靠草莓植物，植物也得依靠它的**生态系统**中的动物来存活。拿这个例子来说，花栗鼠把草莓的种子带到新的地方，这样就会有更多的草莓生根发芽、开花结果。

蝴蝶的生命周期非常有趣。蝴蝶最先孵化出来的时候是毛毛虫。这只毛毛虫不断长大，并且在这期间经历几次蜕皮。等完全成熟后，它会变成蛹。

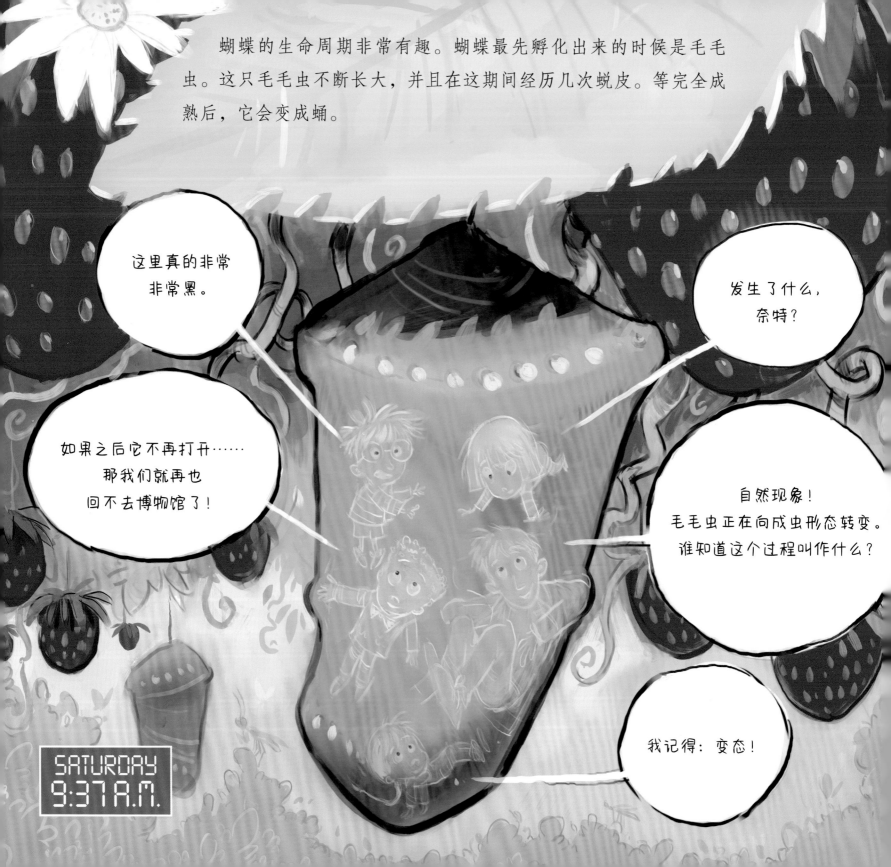

这里真的非常非常黑。

发生了什么，奈特？

如果之后它不再打开……那我们就再也回不去博物馆了！

自然现象！毛毛虫正在向成虫形态转变。谁知道这个过程叫作什么？

我记得：变态！

SATURDAY 9:37A.M.

蝴蝶不是唯一一种会经历"**变态**"的生物，青蛙也会！雌青蛙把卵产在水里，那些卵会孵化成蝌蚪。蝌蚪长出四肢，最终变成接近于成熟青蛙的小青蛙。青蛙最终会吸收身上的蝌蚪尾巴，长成我们所认为的成熟青蛙。之后，这些青蛙要么产卵，要么给卵授精，卵会继续孵化成蝌蚪。

有些动物，包括昆虫（比如蝴蝶），是从蛋或者卵孵化而来的，这被称为**卵生**。有些动物出生时就已经成活了，这被称为**胎生**。人类在出生时就已经成活了，而且几乎所有的哺乳类动物都是这样，比如花栗鼠。

生物分类法是一种对生物和非生物进行定义和分类的科学方法。

界
门 纲 目 科 属 种

许多人认为瑞典植物学家**卡尔·林奈**是现代**生物分类法**的奠基人。他根据生物的特征，把它们从"生命"一直分到一个个的"种"。

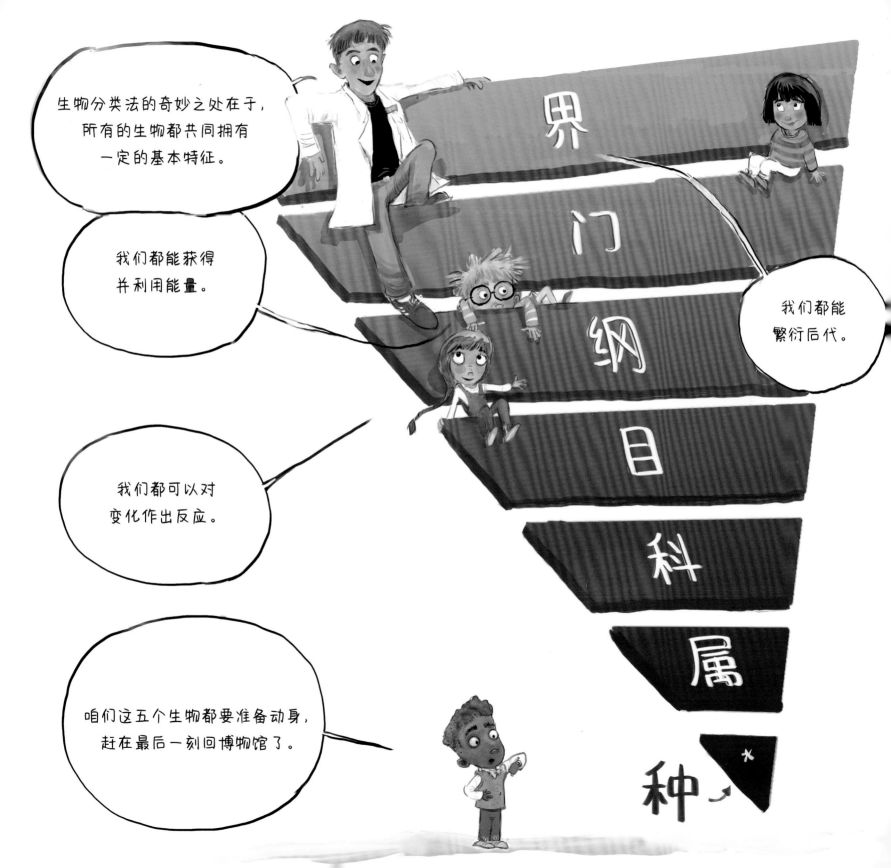

实验：关于种子发芽

在这个实验中，我们会通过培育不同类型的种子，让它们**发芽**生长，开始一个生命周期。

发芽是种子在开始生长时会经历的一个过程。和地球上绝大多数的生物一样，植物也有它们青睐的生存环境。有些植物适宜干燥、炎热的气候，有些植物喜欢寒冷、潮湿一些的环境，有些植物不喜欢在冬天生长，而是在春天发芽、生长，因为春天有更丰沛的水、更充足的阳光，更温暖。

种子的真正神奇之处在于它们非常聪明。它们演化出了很多不同的机制，从而确保不同类型的种子可以在合适的时间发芽。如果一颗种子发芽太早，早到冬天还没结束，那它可能会被冻住。如果一颗种子发芽的时候还被埋在一堆叶子下面，那它可能就得不到充足的阳光。绝大多数种子都能"觉察"到什么时候季节更替，从而确保自己在最容易存活的时候发芽、生长。

还有一些听起来可能有点疯狂，但有些种子只在周围有火的时候才会发芽！还有些种子只有经过了动物的消化系统后才会发芽。这真的太神奇了。

在这个实验中，我们将试着通过几种不同的种子来找出温度与种子发芽之间的关系。因此，我们将会在室温下种一些种子，在冰箱里种另一些种子。

实验：

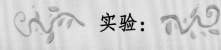

你需要：

· 你的爸爸妈妈帮你找种子，并帮你开始这个实验

· 冰箱里留出做实验的空间

· 两个保鲜袋

· 两卷纸巾

· 笔记本和笔

· 耐心

· 水

四类种子：

· 第一种：生菜

· 第二种：菠菜

· 第三种：豆角

· 第四种：豌豆

第0步：提出假设

首先，对于在寒冷环境下的种子和在温暖环境下的种子生长会有什么不同，我们可以试着提出一个假设（一个想法）。把你的假设写下来，简单几句就可以："我认为，与寒冷环境下的种子相比，温暖环境下的种子将会_____，因为_____。"

第1步：准备袋子

我们不把种子种在土里，因为那样我们就看不到它们了。我们把种子种在保鲜袋里。把纸巾折起来，折成刚好能装进袋子的大小，然后把纸巾弄湿（不要拿水浸泡）。

注意：这个实验可能需要几周的时间，所以在结果出现以前，要做好耐心等待的准备。

第2步：放入种子

每一类种子都任取两颗，把它们放进袋子里近似正方形的"空地"上。给每一颗种子周围都留出充足的空间。之后，用记号笔在袋子上标记一下里面装的是什么种子。

第3步：把一个袋子放进冰箱

这个袋子就是"寒冷袋"：我们将观察这些种子在寒冷条件下的发芽率。

第4步：把另一个袋子放在厨房的橱柜上，找个盒子倒扣在袋子上

这个袋子是"温暖袋"。我们得把它放到一个倒扣的盒子下面，这样它就和放进冰箱里的"寒冷袋"一样，不会直接暴露在光线下了。要想做好一个实验，最好一次只改变一个变量。在这个实验中，我们要测验的那个变量是温度。

第5步：每天记录数据

用笔记本做记录，可以画个表格记录种子每天的生长、变化情况。要记得，这个实验可能要过几周才能产生有价值的数据！你可以这样画表格：

	寒冷豌豆	温暖豌豆	寒冷豆角	温暖豆角	寒冷菠菜	温暖菠菜	寒冷生菜	温暖生菜
第一天								
第二天								
第三天								
第四天								
……								

每天都要记录你观察到的任何细微的生长。你可以使用毫米作为计量单位，因为植物早期的生长变化可能不是很明显。坚持记录数据，至少两周！

第6步：评估数据

这一步的工作非常有趣。发生了什么？它有没有告诉你不同类型的蔬菜种子对温度产生了什么反应？你的这些发现，对于你选择在不同的气候、季节或环境下种植蔬菜种子会有什么帮助？相同的变量下，每颗种子是否有相同的变化？

接下来，说不定你还想在下一个实验中再往前一步——种出一片属于你的小菜园！

当你收获成果的时候，科学总会带给你无与伦比的满足感。

——奈特

词汇表

变态
动物或昆虫在向成熟形态转变时经历重大变化的过程。

发芽
如果种子的生长活动是具有活力的，它就会开始萌发，然后长成一株完整的嫩芽。

花
植物的花，将会变成果实或种子。

花蕾
从植物的茎上新长出来的，以及植物刚长出来的可以发育成茎、叶或花的部分。

茎
支撑植物最主要的部位。叶子会从茎上长出来。

卡尔·林奈（1707—1778）
瑞典自然学家和探险家，生物分类体系和命名法的创立者。

两栖动物
既能生活在陆地上又能生活在水中的动物。

卵生
如果动物或昆虫产下的是卵，并且卵会在母体外发育和孵化，就被称为卵生。

胚芽
种子最初长出地面的部位。

生命
生命拥有利用和获得能量、繁衍、对变化作出反应的能力。

生命周期
生命周期，是一种生物在自己的下一代身上复制出其初始形态的"新版本"之前，经历的一系列变化。

生态系统
生物与它所处的环境构成的一个统一的整体。

生态学家
研究生物体与其所处环境之间的关系的科学家。

生物分类法
对不同生物和非生物进行定义和分类的科学方法。分类的等级包括：界、门、纲、目、科、属、种。

食物链
生态系统中动物、植物和微生物之间由摄食关系而形成的一种联系。

胎生
如果动物生下的是动物幼体，而不是卵，就被称为胎生。

蛹壳
昆虫蛹，比如蝴蝶蛹或蛾蛹的硬壳。

种皮
覆盖在种子周围的坚硬外皮。